멘사 클럽 수학

멘사 클럽 수학

초판 1쇄 발행 · 2022년 7월 29일

지은이 · T.M.P.M
펴낸이 · 김동하

책임편집 · 이은솔
펴낸곳 · 책들의정원
출판신고 · 2015년 1월 14일 제2016-000120호
주소 · (03955) 서울시 마포구 방울내로7길 8, 반석빌딩 5층
문의 · (070) 7853-8600
팩스 · (02) 6020-8601
이메일 · books-garden1@naver.com
인스타그램 · www.instagram.com/text_addicted

ISBN 979-11-6416-124-9 (14410)

1분 안에 푼다면 당신도 **멘사 회원!**

멘사 클럽

T.M.P.M 지음

책들의정원

"아하!"를 외치는 순간, 사고력은 발달합니다

기발한 생각을 떠올리거나 명쾌한 해답을 얻었을 때 우리는 무릎을 탁 치며 이렇게 말합니다. "아하!" 이러한 찰나를 뜻하는 용어도 있습니다. 바로 '아하 순간(aha moments)'입니다. 이 순간 우리의 사고는 일정한 단계를 거치지 않고 한 번에 결론을 향해 달려갑니다. 인간의 다양한 지능 가운데 하나인 논리수학지능의 '비언어적 특성'이 일으키는 현상입니다.

이런 '아하' 반응은 특히 퍼즐이나 퀴즈를 풀 때 많이 나타납니다. 퍼즐이나 퀴즈는 논리성과 창의성을 동시에 요구하기 때문입니다. 인간의 두뇌는 좌뇌와 우뇌로 나뉘어져 있습니다. 하지만 과제를 수행할 때는 양측 두뇌가 협동해야 합니다. 좌뇌가 주어진 정보를 분석하면 우뇌가 그 결과를 이어받

아 새로운 사고를 펼치는 방식입니다. 그러니 양측 두뇌가 통합하여 작동한 결과인 '아하 순간'을 자주 만날수록 우리의 사고력은 발달하게 됩니다.

퍼즐이나 퀴즈가 좋은 이유가 한 가지 더 있습니다. 진입이 아주 쉽다는 점입니다. '아하 경험(aha experience)'은 과학 실험을 하거나 이론을 증명하는 중에도 얻을 수 있습니다. 하지만 이런 활동에는 복잡한 장비와 어려운 지식이 필요합니다. 반면 퍼즐은 펜 한 자루만 있으면 충분합니다. 우리는 머릿속에서 상상의 실험을 펼치며 답을 찾아나가는 기쁨을 느끼기만 하면 됩니다.

이 책은 과학에 흥미를 가진 독자들의 요청에서 시작되었습니다. 배경지식을 이용해서 풀어야 하는 과학퀴즈도 있고, 문제해결력의 기초가 되는 논리수학지능이 발달할 수 있도록 돕는 논리퍼즐도 있습니다. 또한 어린이나 청소년 역시 이러

한 퍼즐의 세계를 경험하기 바라며 약간의 집중력과 재치만으로 도전할 수 있는 문제를 함께 준비했습니다.

IQ 148 이상의 멘사 회원들은 퍼즐이나 퀴즈를 즐긴다고 합니다. 천재라고 불리는 이들도 퍼즐을 늘 가까이합니다. 중요한 것은 이들이 퍼즐을 학습이 아닌 놀이로써 접근한다는 사실입니다. 퍼즐 입문자에게 항상 당부하는 말이 있습니다. '정답에 매달리지 마라'입니다. 기상천외한 답을 내놓아도 괜찮습니다. 편안한 마음으로 페이지를 넘기다보면 새로운 재미를 느끼게 될 것입니다.

T.M.P.M

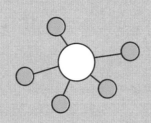

과학
퍼즐

미로 속 길을 찾아주세요. 퀴즈를 풀면 힌트를 얻을 수 있습니다.

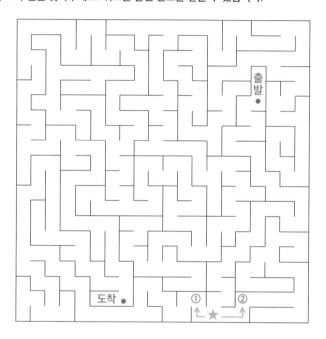

[Quiz] 신생아와 성인 중 누구의 몸에 더 많은 뼈가 있을까요?

① 신생아   ② 성인

여러 개의 물통이 다음과 같이 관으로 이어져 있습니다. 수도꼭지를 틀었을 때 어느 물통이 가장 먼저 가득 차게 될까요? (단, 수도꼭지에서는 그림과 같이 일정한 양의 물이 흘러나옵니다.)

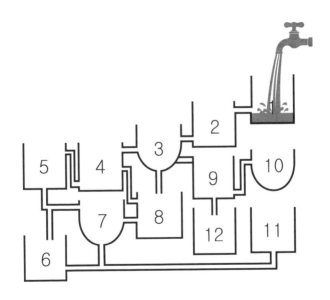

다음과 같은 도르래에 18킬로그램의 돌이 매달려 있습니다. 돌을 들어올리기 위해서는 얼마의 힘이 필요할까요?

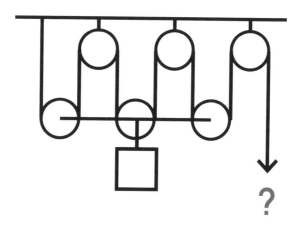

① 18   ② 9   ③ 6   ④ 3

순서
맞추기

다음 빈칸에 <보기>의 원자를 원자 번호순으로 넣어보세요. 하나의 원자는 가로와 세로에 한 번씩만 들어갑니다.

<보기>

Cu(29번) > Ca(20번) > K(19번) > Ne(10번) > C(6번)

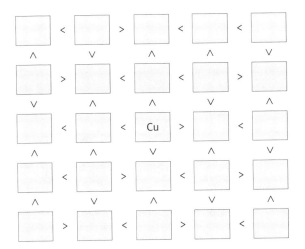

다음 그림은 어느 폐쇄 회로의 설계도입니다. 아래 조건에 맞춰 각 지점을 선으로 연결해보세요.

· 설계도에 있는 모든 저항(∞)과 코넥터(▥)는 전선으로 연결되어야 합니다.
· 전선의 시작점과 끝점은 만나야 하며, 선끼리 교차하거나 대각선으로 가로
  질러서는 안 됩니다.
· 저항이 있는 칸을 만나면 바로 앞 혹은 바로 뒤의 칸에서 전선을 90도로 꺾
  어야 합니다. (앞의 칸과 뒤의 칸 모두에서 동시에 구부러질 수도 있습니다.)
· 코넥터가 있는 칸에서는 전선을 반드시 90도로 꺾어야 합니다.

자석이 한 개 있습니다. 이것을 반으로 자르고, 다시 반으로 잘라 네 개의 작은 자석으로 만들었습니다. N극과 S극의 위치는 어떻게 바뀔까요?

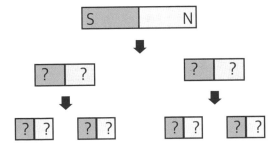

지표면에 있던 물방울이 증발하면 수증기가 되는데, 이 수증기가 하늘에서 뭉치면 구름이 됩니다. 다음 규칙에 따라 구름이 생성될 칸에 색을 칠해보세요.

· 구름은 가로, 세로로 적어도 두 칸 이상의 크기가 되어야 합니다.
· 표의 오른쪽에 적혀 있는 숫자는 그 행에서 구름이 차지하는 칸의 개수와 일치합니다.
· 표의 아래쪽에 적혀 있는 숫자는 그 열에서 구름이 차지하는 칸의 개수와 일치합니다.
· 구름은 가로, 세로, 대각선으로 맞닿지 않아야 합니다.

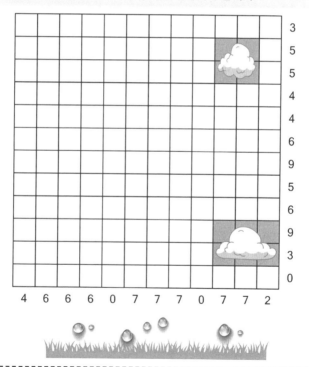

한 장의 사진이 여러 조각으로 나누어져 있습니다. 사진에 찍힌 물체는 무엇일
까요?

※ 그림을 오리면 문제를 쉽게 풀 수 있습니다.
책의 마지막에 '오려 만들기' 페이지가 있습니다.

자물쇠 열기

보물 상자를 찾았습니다. 그런데 번호를 입력해야 하는 자물쇠가 걸려 있습니다. 다행히 비밀번호를 알려줄 힌트가 적혀 있는 쪽지를 가지고 있습니다. 쪽지에 적힌 문제를 모두 풀고 정답을 차례대로 나열하면 비밀번호가 된다고 합니다. 비밀번호를 찾아보세요.

1. 씨 없는 수박을 세계 최초로 만든 과학자의 이름은 무엇일까요?
① 우장춘 ② 기하라 히토시

2. 후각과 관련이 있는 유전자인 OR유전자를 더 많이 가지고 있는 동물은 무엇일까요?
① 개 ② 코끼리

3. 환태평양 지역에서 지진과 화산 폭발이 활발히 일어나는 곳을 이르는 말은 무엇일까요?
① 죽음의 고리 ② 불의 고리

다음 두 그림에서 다른 곳 다섯 군데를 찾아보세요.

칸 속의 숫자는 자신과 그 주위의 아홉 개 칸 중 몇 개의 칸에 색이 칠해져야 하는 지를 알려줍니다. 규칙에 맞춰 알맞은 칸에 색을 칠해보세요. 숨겨져 있던 원소 기호가 드러나게 됩니다.

	3	3	3		1	1	2	2	1
		3		3	2		4		2
4		3		3	2	2		4	2
	5	3	4		2	2			2
	4		4		2	2			2
3		3		4	3	3	6	6	3
3	4	3		4	3	3		6	
	4	3	4	3	2	2			
2	3			2		1	2	2	
	0		0						

인간의 두뇌는 뉴런과 시냅스로 연결되어 있습니다. 두뇌에서 일어나는 신경 전달 과정을 분석해 0과 1의 전기적 신호를 주고받는 전자두뇌 형태로 구현하는 데 성공했습니다. 다음 그림의 점과 선은 그 구조를 간단히 표현한 것입니다. 다음 중 선 끝이 점과 이어지지 않은 부분을 찾아 점을 그려주세요.

TIP - 표시할 곳이 생각보다 많습니다. 꼼꼼히 찾아보세요.

펭귄이 길을 가고 있습니다. 다음 질문의 답이 1번이면 왼쪽, 2번이면 오른쪽으로 이동해야 합니다. 펭귄의 목적지는 어디일까요?

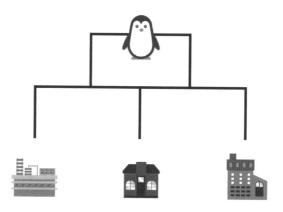

1. 행복한 기분을 느끼게 하는 호르몬으로, 생선이나 우유 등으로 분비를 도울 수 있는 이 호르몬의 이름은 무엇일까요?
① 코르티솔 ② 세로토닌

2. 기초대사량 증가에 도움을 주는 호르몬은 무엇일까요?
① 에스트로겐 ② 테스토스테론

염화수소는 염소 원자(○)와 수소 원자(●)가 일대일로 만나 이루어집니다. 다음 그림에서 직선을 이용해 염소와 소수 원자를 하나씩 짝지어주세요. 단, 직선은 가로 또는 세로 방향으로만 그릴 수 있고, 다른 선이나 원자를 가로지를 수 없습니다.

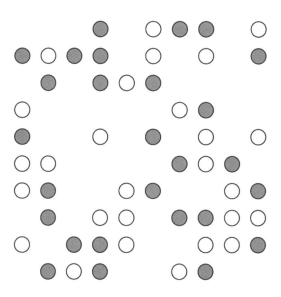

설탕물의
농도

9퍼센트 농도의 설탕물 160그램이 비커에 담겨 있습니다. 물을 추가해 2퍼센트 농도의 설탕물을 만들고 싶습니다. 몇 그램의 물이 더 필요할까요?

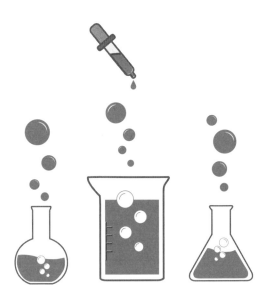

집중력
테스트

아래 숫자를 순서대로 지워나가는 게임입니다. 전부 지우는 데 몇 초나 걸렸는지 시간을 재 나의 집중력을 테스트해보세요. 결과는 <정답과 풀이>에 있습니다.

<준비물>
연필, 초시계

13	7	23	15	5
3	18	2	25	21
11	16	9	24	14
6	1	20	12	22
19	10	17	4	8

업그레이드
미로

미로 속 길을 찾아주세요. 퀴즈를 풀면 힌트를 얻을 수 있습니다.

출발

도착

[Quiz] 다음 중 3대 영양소에 포함되지 않는 것은 무엇일까요?

① 탄수화물 ② 단백질 ③ 물

그림과 같은 모양의 방이 있습니다. 알맞은 자리에 거울 4개를 설치해 빛이 방을 빠져나갈 수 있도록 해보세요.

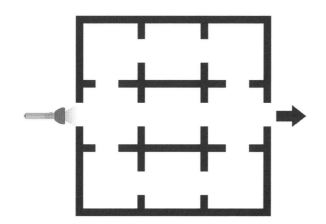

막대자석 주위에 나침반을 놓았습니다. 나침반 속 바늘의 방향을 알맞게 그려보세요.

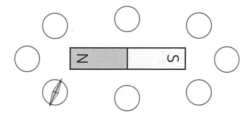

짝 맞추기

다음 그림 중 같은 것을 두 개씩 묶어 짝을 지을 때, 짝이 없는 것이 하나 있습니다. 어느 것일까요?

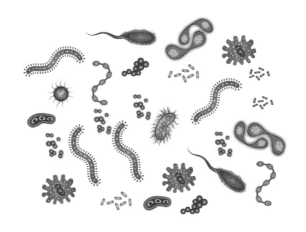

| 가 | 나 | 다 | 라 | 마 |

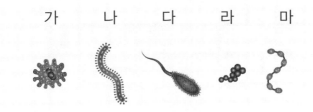

다음 규칙에 따라 화살표를 그려보세요.

· 굵은 선으로 나누어진 각 영역에는 반드시 하나의 화살표가 들어가야 합니다.
· 모든 화살표는 마주보고 있는 '짝'을 가지고 있습니다.
· 짝을 지은 화살표는 바로 인접한 칸에 들어갈 수 없습니다.
· 짝을 지은 화살표 사이에는 다른 화살표가 들어갈 수 없습니다.

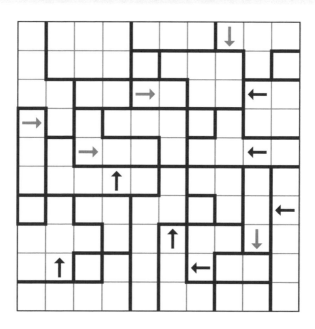

섬 연결

여러 개의 섬으로 이루어진 나라가 있습니다. 이곳에 다리를 지어 모든 섬을 연결하려고 합니다. 어떤 섬에 몇 개의 다리를 지을지는 섬에 쓰인 숫자에 따라 결정하게 됩니다. 아래 조건에 따라 모든 섬을 연결해보세요.

· 모든 다리는 가로 또는 세로 방향의 직선 모양입니다.
· 다리는 다른 다리나 섬 위를 가로지를 수 없습니다.
· 두 개의 섬 사이에는 1개 또는 2개의 다리만 지을 수 있습니다.

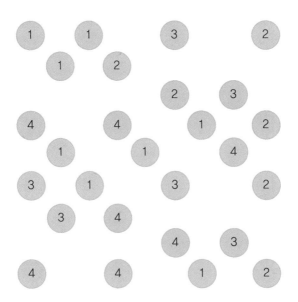

1841년 태어난 샘 로이드는 세계 3대 퍼즐 제작자로 불리는 인물입니다. 그는 아래 그림과 같은 퍼즐을 공개하며 '모든 숫자가 순서대로 배치되게 하면 100만 원을 상금으로 주겠다'는 말을 남겼습니다. 로이드의 문제를 풀 수 있는지 도전해보세요.

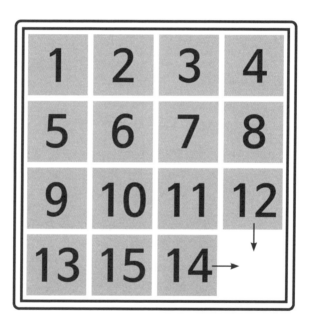

숫자가 적힌 조각을
빈 공간으로 한 칸씩 밀어서 옮기는
'슬라이딩 퍼즐'입니다.

인간의
몸

우리 몸에는 여러 개의 장기가 있습니다. 각 장기의 이름을 맞추고, 적당한 위치
에 선을 그어보세요.

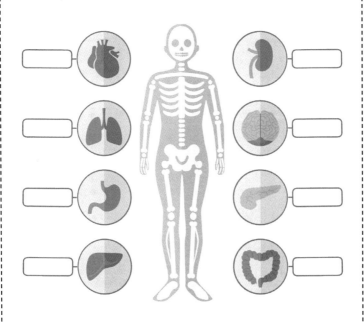

어느 마을에 수도관을 설치하고 있습니다. 각 점은 하나의 건물을 의미합니다. 모든 건물에는 수도가 연결되어야 하며, 하나의 건물에 수도관이 두 번 들어가서는 안 됩니다. 수도관이 서로 교차하지 않으면서 마을 전체의 수도관이 하나의 물길로 이어지도록 해보세요.

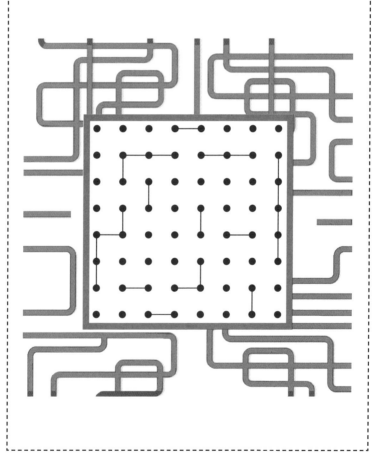

다음은 어떤 건물의 설계도를 간단히 표현한 모습입니다. 기둥이 들어가야 할 곳에는 ○, 빈 공간으로 남길 곳에는 ×를 표시하고 있습니다. 가로, 세로, 대각선을 기준으로 기둥이 네 번 연속 들어가면 건물 내부의 공간 효율성이 떨어지게 됩니다. 또한 가로, 세로, 대각선을 기준으로 빈 공간이 네 번 연속 등장하면 건물이 무게를 버티지 못하고 무너질 수 있습니다. 빈칸에 기둥과 빈 공간을 적절하게 배치해보세요.

공 쌓기

여러 개의 공을 쌓아올리는 데 다음 그림과 같은 방법이 가장 효율적이라는 계산이 나왔습니다. 다음 그림에 보이는 공은 모두 몇 개일까요?

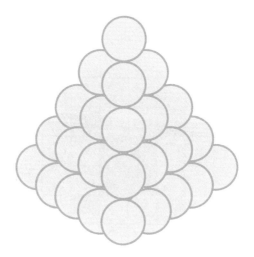

전구를 켜라

두 가지 색 칸으로 나누어진 공간이 있습니다. 흰색 칸이 모두 밝아지도록 전구를 설치해보세요.

· 전구는 흰색 칸에만 설치할 수 있습니다.
· 흰색 칸 중에서는 어느 칸이든 상관없습니다.
· 단, 검은색 칸에 적힌 숫자만큼 검은색 칸과 맞닿아 있는 칸에 전구가 설치되어야 합니다.
· 아무런 숫자도 없는 검은색 칸 주변에는 전구를 원하는 만큼 놓을 수 있습니다.
· 전구는 사방을 향해 빛을 내뿜습니다.
· 단, 검은색 칸을 만나면 빛이 더 이상 앞으로 나아가지 못합니다.
· 전구 두 개가 서로를 마주보게 되면 빛이 너무 강해져 전구가 고장 납니다.

지표면에 있던 물방울이 증발하면 수증기가 되는데, 이 수증기가 하늘에서 뭉치면 구름이 됩니다. 다음 규칙에 따라 구름이 생성될 칸에 색을 칠해보세요.

· 구름은 가로, 세로로 적어도 두 칸 이상의 크기가 되어야 합니다.
· 표의 오른쪽에 적혀 있는 숫자는 그 행에서 구름이 차지하는 칸의 개수와 일치합니다.
· 표의 아래쪽에 적혀 있는 숫자는 그 열에서 구름이 차지하는 칸의 개수와 일치합니다.
· 구름은 가로, 세로, 대각선으로 맞닿지 않아야 합니다.

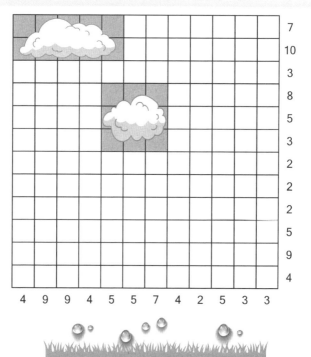

성냥개비 없애기

다음 그림에서 성냥개비 2개를 없어지게 하여 7개의 정사각형을 만들어보세요.

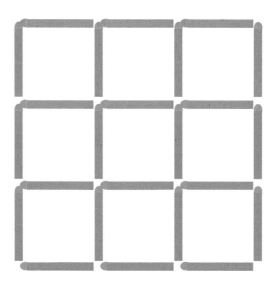

다음 표에 1~3의 숫자를 넣어보세요. 가로와 세로에는 같은 숫자가 한 번씩만 들어가야 합니다. 또한 ○표 속에는 반드시 숫자를 써야 하지만, ×표가 있는 칸에는 어떤 숫자도 쓸 수 없습니다.

2		✕	✕	○	✕
			○		○
✕	✕		3		
				3	
1	✕		○	✕	○
✕	○	○	✕		✕

다음 빈칸에 들어갈 숫자를 모두 더해보세요.

인체의 ☐ 퍼센트는 수분으로 이루어져 있다.

+

두뇌의 ☐ 퍼센트는 수분으로 이루어져 있다.

+

인간은 하루에 평균 ☐ 번 방귀를 뀐다.

화살표를 돌려라

아래 빈칸에 알맞은 방향의 화살표를 그려보세요! 중앙의 숫자들은 각 칸을 가리키는 화살표의 개수를 의미합니다.

<고를 수 있는 화살표의 종류>

← ↑ → ↓ ↖ ↗ ↘ ↙

	1	3	2	
	4	0	3	
	4	3	3	

가로세로 퀴즈

다음 설명을 읽고 빈칸을 채워보세요.

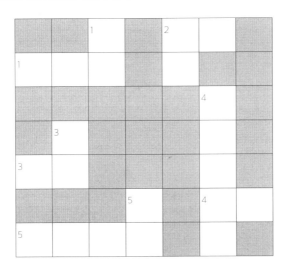

가로
1 화성과 목성 사이에 위치하며 태양을 따라 공전하는 작은 행성
2 다이아몬드와 같은 원자로 이루어졌으나 매우 약한 물질
3 지구의 ○○은 낮과 밤이 생기는 원인
4 상온에서 액체 상태로 존재하는 유일한 금속
5 열역학에서 말하는 '가장 낮은 온도'

세로
1 태양계에서 가장 큰 천체
2 태양의 표면에 있는 검은색 반점
3 지구의 ○○은 계절이 생기는 원인
4 수소와 산소의 화합물 중 하나로, 세탁물을 하얗게 할 때 사용
5 차갑고 뜨거운 정도

A에서 B까지 걸어가려고 합니다. 가장 짧은 거리를 거쳐서 이동하려고 할 때, 선택할 수 있는 길은 모두 몇 가지일까요? 단, 연못 위는 지나갈 수 없습니다.

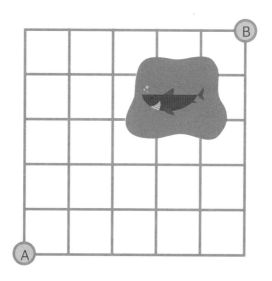

초성퀴즈

다음은 소화에 관한 단어들입니다. 초성을 보고 어떤 단어인지 맞춰보세요.

ㅇㅅ

ㄴㅁ

ㅌㄹㅅ

ㄹㅁㅍㅇㅅ

ㅇㄷ

ㄷㅂㅈ

ㅍㅅㄴㅈ

ㅍㅅ

ㅇㅁㄹㅅ

그림과 같은 동물원이 있습니다. 통로의 가운데만을 따라서 걸어갈 때, 토끼가 있는 곳까지 걸어가려면 몇 미터를 움직여야 할까요?

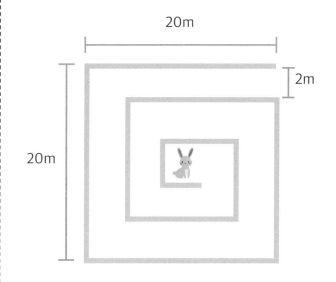

20m

2m

20m

칠교놀이

아래에 있는 일곱 개의 조각을 이용해 다음의 모양을 만들어보세요.

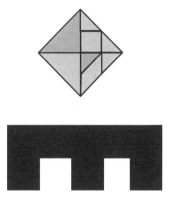

미로 속 길을 찾아주세요. 퀴즈를 풀면 힌트를 얻을 수 있습니다.

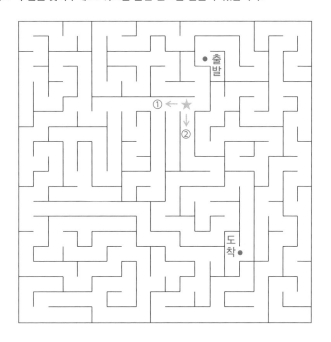

[Quiz] 땅속 깊은 곳에서 마그마가 천천히 식어서 만들어진 암석의 이름은 무엇일까요?

① 현무암   ② 화강암

순서 맞추기

다음 빈칸에 과학자의 이름을 출생년도가 빠른 순으로 넣어보세요. 하나의 이름은 가로와 세로에 한 번씩만 들어갑니다.

<보기>

갈릴레오 갈릴레이(1564~1642) > 아이작 뉴턴(1642~1727) >
레온하르트 오일러(1707~1783) > 마리 퀴리(1867~1934) >
알베르트 아인슈타인(1879~1955)

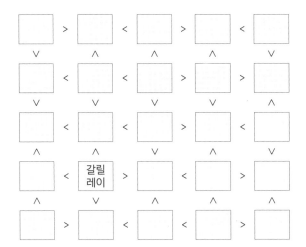

같은 숫자끼리 선으로 연결해주세요. 단, 선은 서로 교차할 수 없습니다.

1		3	5	
2			3	
		4		
			4	
	2	1	5	

한 음료수 가게에서 빈 병 3개를 가져오면 새 음료수 1병으로 바꿔주는 이벤트를 열었습니다. 처음에 14병의 음료수를 샀다면, 빈 병 바꾸기를 통해 모두 몇 병의 음료수를 마실 수 있을까요?

다음 그림은 어느 폐쇄 회로의 설계도입니다. 아래 조건에 맞춰 각 지점을 선으로 연결해보세요.

· 설계도에 있는 모든 저항(∞)과 코넥터(▄)는 전선으로 연결되어야 합니다.
· 전선의 시작점과 끝점은 만나야 하며, 선끼리 교차하거나 대각선으로 가로 질러서는 안 됩니다.
· 저항이 있는 칸을 만나면 바로 앞 혹은 바로 뒤의 칸에서 전선을 90도로 꺾 어야 합니다. (앞의 칸과 뒤의 칸 모두에서 동시에 구부러질 수도 있습니다.)
· 코넥터가 있는 칸에서는 전선을 반드시 90도로 꺾어야 합니다.

듀드니의
삼각형

1857년 영국에서 태어난 헨리 듀드니는 세계 3대 퍼즐 제작자로 유명해진 인물입니다. 다음은 그가 만든 문제입니다. 정답을 찾아보세요.

정삼각형을 네 개의 조각으로 나누어 다시 조립하는 방식으로 정사각형을 만들어보세요.

지표면에 있던 물방울이 증발하면 수증기가 되는데, 이 수증기가 하늘에서 뭉치면 구름이 됩니다. 다음 규칙에 따라 구름이 생성될 칸에 색을 칠해보세요.

· 구름은 가로, 세로로 적어도 두 칸 이상의 크기가 되어야 합니다.
· 표의 오른쪽에 적혀 있는 숫자는 그 행에서 구름이 차지하는 칸의 개수와 일치합니다.
· 표의 아래쪽에 적혀 있는 숫자는 그 열에서 구름이 차지하는 칸의 개수와 일치합니다.
· 구름은 가로, 세로, 대각선으로 맞닿지 않아야 합니다.

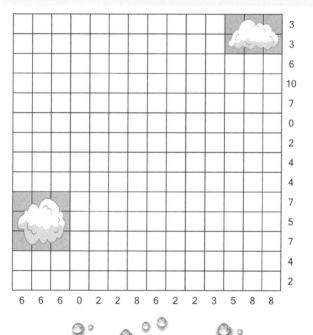

증발한
물의 양

실험을 위해서 10퍼센트 농도의 소금물을 준비해야 합니다. 가지고 있는 소금을 전부 물에 넣었는데, 4퍼센트 농도의 소금물 72그램이 만들어졌습니다. 몇 그램의 물을 증발시켜야 할까요?

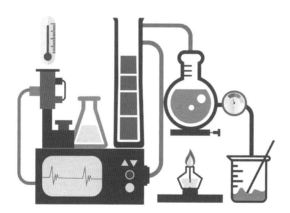

다음 문장을 읽고 O와 X 중 알맞은 것을 골라보세요.

'슈퍼문'이란 달과 지구의 거리가 가까워져 평소보다 보름달이 크게 보이는 현상입니다. 한편 '블루문'은 대기의 반사 현상으로 달이 푸르스름하게 보이는 현상을 말합니다.

어디로
갈까

원숭이가 길을 가고 있습니다. 다음 질문의 답이 1번이면 왼쪽, 2번이면 오른쪽으로 이동해야 합니다. 원숭이의 목적지는 어디일까요?

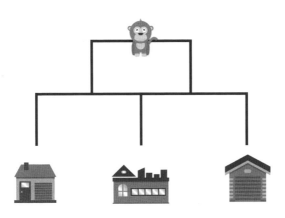

1. 추울 때 손이나 발에 동상이 생기는 이유는 무엇일까요?
① 몸의 끝부분부터 혈액이 얼어버리기 때문
② 몸의 끝부분부터 혈액 공급이 중단되기 때문

2. 추운 곳에 오래 있어 손의 감각이 사라지고 있을 때 적절한 대처법은 무엇일까요?
① 39도 정도의 따뜻한 물에 손을 천천히 녹인다.
② 45도 정도의 뜨거운 물에 손을 급속히 녹인다.

다음 두 그림에서 다른 곳 다섯 군데를 찾아보세요.

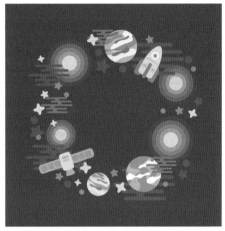

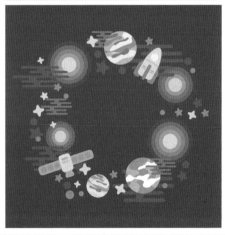

뱀이 숲 속을 지나가고 있습니다. 모든 흰색 칸을 한 번씩 거쳐서 원래의 자리로 돌아올 수 있도록 길을 찾아주세요. 검은색 칸은 가로지를 수 없습니다.

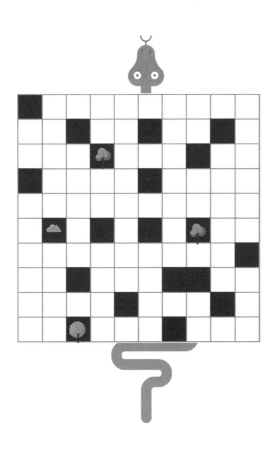

다음 문장을 읽고 O 또는 X로 답해보세요.

폐식용유로 비누를 만들 때는 탄산나트륨이 필요하다.

O

X

염화수소는 염소 원자(○)와 수소 원자(●)가 일대일로 만나 이루어집니다. 다음 그림에서 직선을 이용해 염소와 소수 원자를 하나씩 짝지어주세요. 단, 직선은 가로 또는 세로 방향으로만 그릴 수 있고, 다른 선이나 원자를 가로지를 수 없습니다.

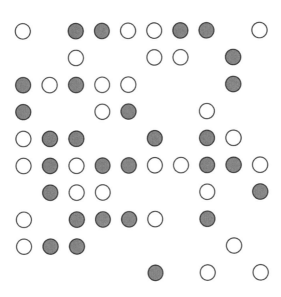

숨은 글자
찾기

칸 속의 숫자는 자신과 그 주위의 아홉 개 칸 중 몇 개의 칸에 색이 칠해져야 하는 지를 알려줍니다. 규칙에 맞춰 알맞은 칸에 색을 칠해보세요. 숨겨져 있던 원소 기호가 드러나게 됩니다.

3	4	3		1					
4		3	2				0	0	
3		0			0		0		
			2			3	3	2	1
	4	3	2			3	4	3	
2	3	3	2	3	4				3
0				2			6	6	
				3	5	8		7	4
		0	0	2	3	5	4	5	
	0			1	2	3			1

엘리
베이터

다음과 같은 도르래에 80킬로그램의 성인이 매달려 있습니다. 이 사람을 들어올리기 위해서는 얼마의 힘이 필요할까요?

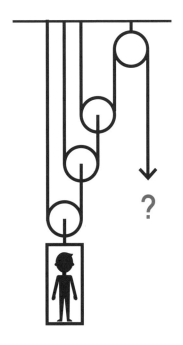

?

① 40　②60　③ 10　④ 5

아래 숫자를 순서대로 지워나가는 게임입니다. 전부 지우는 데 몇 초나 걸렸는지 시간을 재 나의 집중력을 테스트해보세요. 결과는 <정답과 풀이>에 있습니다.

<준비물>
연필, 초시계

7	19	5	16	9
3	14	20	2	22
18	11	8	24	13
12	4	21	6	25
1	17	15	10	23

삼각형 만들기

여섯 개의 직선을 그려 최대한 많은 삼각형을 만들고 싶습니다. 총 몇 개의 삼각형을 만들 수 있을까요? 단, 큰 삼각형이 작은 삼각형을 포함할 경우 작은 삼각형만을 인정합니다.

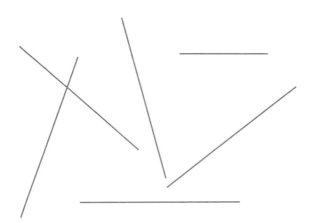

벽돌담에 숫자가 적혀 있습니다. 가로와 세로에는 하나의 숫자가 한 번씩만 들어가야 합니다. 또한 짝수와 홀수는 하나의 벽돌에 한 번씩만 들어갈 수 있습니다. 물음표를 대신할 알맞은 답을 찾아보세요.

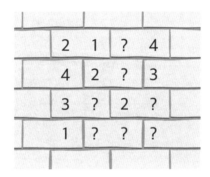

다음 빈칸에 들어갈 숫자를 모두 더하면 얼마가 될까요?

$$\square + \square + \square + \square + \square + \square = ?$$

전자레인지의 진동수는 □.□□기가헤르츠입니다.

전자레인지는 음식물 속의 물을 초당 □□억 □천만 번 진동시킵니다.

미로 속 길을 찾아주세요. 퀴즈를 풀면 힌트를 얻을 수 있습니다.

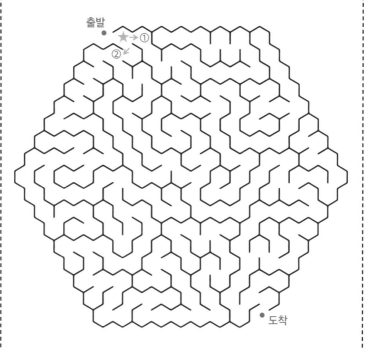

출발

도착

[Quiz] 햇볕 아래에 있으면 몸이 따뜻해집니다. 이는 어떤 현상 때문일
까요?

① 대류 ② 복사

자물쇠 열기

보물 상자를 찾았습니다. 그런데 번호를 입력해야 하는 자물쇠가 걸려 있습니다. 다행히 비밀번호를 알려줄 힌트가 적혀 있는 쪽지를 가지고 있습니다. 쪽지에 적힌 문제를 모두 풀고 정답을 차례대로 나열하면 비밀번호가 된다고 합니다. 비밀번호를 찾아보세요.

1. 우리나라에서 고기압이 발생할 경우 바람은 어느 방향으로 불어나갈까요?
① 시계방향 ② 반시계방향

2. 다음 중 '에베레스트'와 관련 있는 것은 무엇일까요?
① 고산병 ② 잠수병

3. 다음 중 더 가벼운 것은 무엇일까요?
① 리튬 ② 수은

다음은 어떤 건물의 설계도를 간단히 표현한 모습입니다. 기둥이 들어가야 할 곳에는 ○, 빈 공간으로 남길 곳에는 ×를 표시하고 있습니다. 가로, 세로, 대각선을 기준으로 기둥이 네 번 연속 들어가면 건물 내부의 공간 효율성이 떨어지게 됩니다. 또한 가로, 세로, 대각선을 기준으로 빈 공간이 네 번 연속 등장하면 건물이 무게를 버티지 못하고 무너질 수 있습니다. 빈칸에 기둥과 빈 공간을 적절하게 배치해보세요.

별자리
그리기

다음은 봄의 대표적 별자리인 사자자리의 모습입니다. 사자의 모습을 떠올리며
별과 별 사이에 나머지 선을 그어보세요.

섬 연결

여러 개의 섬으로 이루어진 나라가 있습니다. 이곳에 다리를 지어 모든 섬을 연결하려고 합니다. 어떤 섬에 몇 개의 다리를 지을지는 섬에 쓰인 숫자에 따라 결정하게 됩니다. 아래 조건에 따라 모든 섬을 연결해보세요.

· 모든 다리는 가로 또는 세로 방향의 직선 모양입니다.
· 다리는 다른 다리나 섬 위를 가로지를 수 없습니다.
· 두 개의 섬 사이에는 1개 또는 2개의 다리만 지을 수 있습니다.

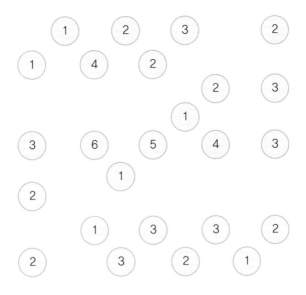

마주보기

다음 규칙에 따라 화살표를 그려보세요.

· 굵은 선으로 나누어진 각 영역에는 반드시 하나의 화살표가 들어가야 합니다.
· 모든 화살표는 마주보고 있는 '짝'을 가지고 있습니다.
· 짝을 지은 화살표는 바로 인접한 칸에 들어갈 수 없습니다.
· 짝을 지은 화살표 사이에는 다른 화살표가 들어갈 수 없습니다.

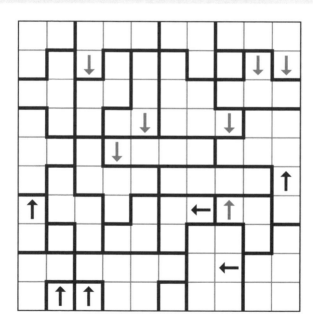

빈칸에 들어갈 숫자가 큰 순서대로 <보기>를 나열해보세요.

① 지구가 속해 있는 우리은하에는 약 (   ) 개의 행성이 있습니다.

② 지구는 태양에서 약 (   ) 킬로미터 떨어져 있습니다.

③ 지구의 적도 둘레는 약 (   ) 센티미터입니다.

어느 마을에 수도관을 설치하고 있습니다. 각 점은 하나의 건물을 의미합니다. 모든 건물에는 수도가 연결되어야 하며, 하나의 건물에 수도관이 두 번 들어가서는 안 됩니다. 수도관이 서로 교차하지 않으면서 마을 전체의 수도관이 하나의 물길로 이어지도록 해보세요.

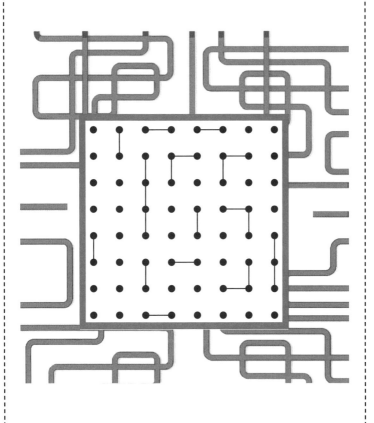

아래에 있는 일곱 개의 조각을 이용해 다음의 모양을 만들어보세요.

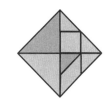

전구를 켜라

두 가지 색 칸으로 나누어진 공간이 있습니다. 흰색 칸이 모두 밝아지도록 전구를
설치해보세요.

· 전구는 흰색 칸에만 설치할 수 있습니다.
· 흰색 칸 중에서는 어느 칸이든 상관없습니다.
· 단, 검은색 칸에 적힌 숫자만큼 검은색 칸과 맞닿아 있는 칸에 전구가 설치
되어야 합니다.
· 아무런 숫자도 없는 검은색 칸 주변에는 전구를 원하는 만큼 놓을 수 있습니다.
· 전구는 사방을 향해 빛을 내뿜습니다.
· 단, 검은색 칸을 만나면 빛이 더 이상 앞으로 나아가지 못합니다.
· 전구 두 개가 서로를 마주보게 되면 빛이 너무 강해져 전구가 고장 납니다.

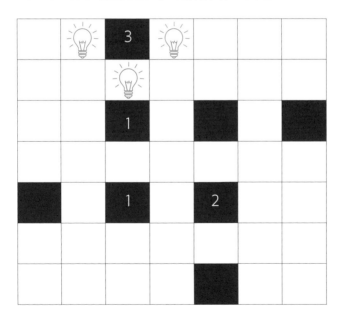

다음 설명을 읽고 빈칸을 채워보세요.

		2			4	
1						
			2	3		
		5				
3						

가로
1 부모가 자식에게 물려주는 특징의 단위
2 가시광선보다 파장이 짧은 빛으로, 이것을 막기 위해 선크림을 바르기도 함
3 사람이 들을 수 없는 주파수의 음파로, 잠수함을 탐지할 때 사용함
4 위도의 기준이 되는 곳

세로
1 별똥별이 비처럼 내리는 현상
2 물질의 기본 구성 단위로, 핵과 전자로 이루어짐
3 떡잎이 한 장뿐인 속씨식물로, 벼나 옥수수 등이 이에 속함
4 가시광선보다 파장이 긴 빛으로, 식기를 소독할 때 사용하기도 함
5 시간에 따라 전기장과 자기장이 변하며 만들어지는 파동

화살표를 돌려라

아래 빈칸에 알맞은 방향의 화살표를 그려보세요! 중앙의 숫자들은 각 칸을 가리키는 화살표의 개수를 의미합니다.

<고를 수 있는 화살표의 종류>

	4	4	4	
	1	1	3	
	2	5	3	

성냥개비
없애기

다음 그림에서 성냥개비 4개를 없어지게 하여 3개의 정사각형을 만들어보세요.

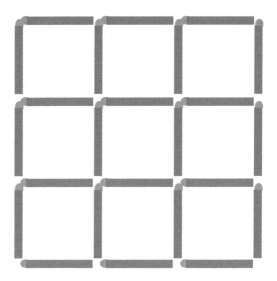

같은 숫자끼리 선으로 연결해주세요. 단, 선은 서로 교차할 수 없습니다.

1	3	4		
			3	
		4		
2				
			2	1

한 장의 사진이 여러 조각으로 나누어져 있습니다. 사진에 찍힌 물체는 무엇일까요?

※ 그림을 오리면 문제를 쉽게 풀 수 있습니다.
책의 마지막에 '오려 만들기' 페이지가 있습니다.

길을 찾아라

A에서 B까지 걸어가려고 합니다. 가장 짧은 거리를 거쳐서 이동하려고 할 때, 선택할 수 있는 길은 모두 몇 가지일까요? 단, 밀림 지역은 지나갈 수 없습니다.

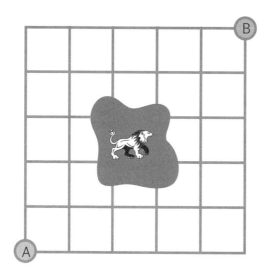

다음 빈칸에 들어갈 숫자를 모두 더하면 얼마가 될까요?

$$\square + \square + \square + \square + \square = ?$$

개미는 자신의 몸보다 □□배 무거운 짐을 들 수 있습니다.	벌은 자신의 몸보다 □□□배 무거운 짐을 들 수 있습니다.

초성퀴즈

다음은 다양한 곤충의 이름들입니다. 초성을 보고 어떤 곤충인지 맞춰보세요.

ㅅㅁㄱ

ㅈㄱ

ㅇㅊ

ㅁㄷㅂㄹ

ㅁㅁ

ㅅㄸㄱㄹ

ㅈㄷㅁ

ㅈㅅㅍㄷㅇ

ㅁㅂ

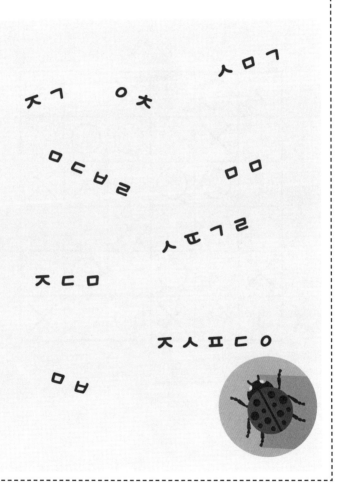

다음 표에 1~3의 숫자를 넣어보세요. 가로와 세로에는 같은 숫자가 한 번씩만 들어가야 합니다. 또한 ○표 속에는 반드시 숫자를 써야 하지만, ×표가 있는 칸에는 어떤 숫자도 쓸 수 없습니다.

2	○		×		3
	×		○	○	
	○	○		×	×
	○		×		2
×		○		○	
1		×	○		×

넌센스

'앞으로 읽으면 무겁지만 반대로 읽으면 그렇지 않은' 단어는 무엇일까요?

☐ ☐ ☐

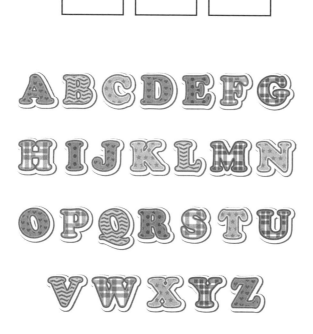

다음 그림 중 같은 것을 두 개씩 묶어 짝을 지을 때, 짝이 없는 것이 하나 있습니다. 어느 것일까요?

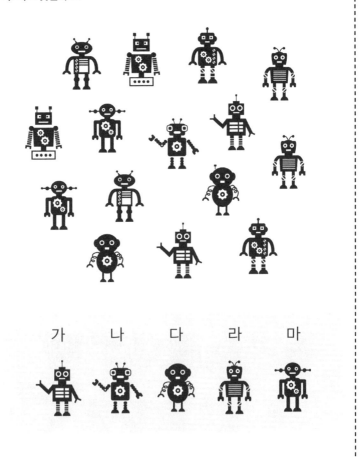

가 나 다 라 마

뱀이 숲 속을 지나가고 있습니다. 모든 흰색 칸을 한 번씩 거쳐서 원래의 자리로 돌아올 수 있도록 길을 찾아주세요. 검은색 칸은 가로지를 수 없습니다.

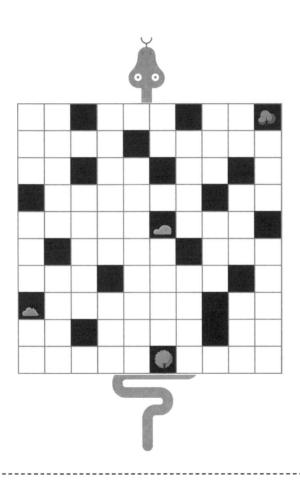

당나귀가 길을 가고 있습니다. 다음 질문의 답이 1번이면 왼쪽, 2번이면 오른쪽으로 이동해야 합니다. 당나귀의 목적지는 어디일까요?

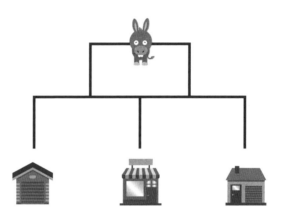

1. 피로 회복에 좋은 성분인 타우린이 100그램당 더 많이 들어 있는 식품은 무엇일까요?
① 주꾸미 ② 오징어

2. 물에 사는 연체동물 중 다리가 8개인 것을 팔목과라고 부릅니다. 다음 중 팔목과에 속하는 것은 무엇일까요?
① 문어 ② 꼴뚜기

아래 <보기>에는 지각의 구성 원소가 지각을 구성하는 비중에 따라 나열되어 있습니다. 이를 참고해서 빈칸에 비중이 높은 순으로 원소의 이름을 넣어보세요. 하나의 원소는 가로와 세로에 한 번씩만 들어갑니다.

<보기>

산소(46.6%) > 규소(27.7%) > 알루미늄(8.1%)
> 철(5.0%) > 칼슘(3.6%)

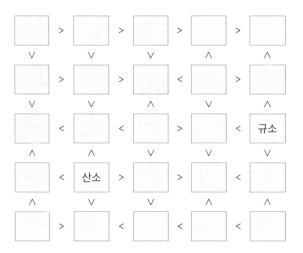

91

미로 찾기

미로 속 길을 찾아주세요. 퀴즈를 풀면 힌트를 얻을 수 있습니다.

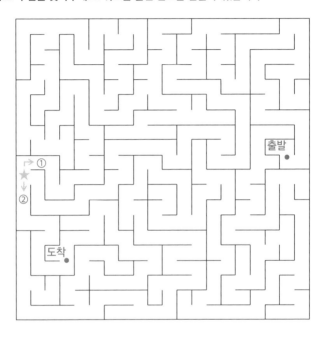

[Quiz] 다이너마이트를 발명했으나 자신이 개발한 폭약이 전쟁에 사용되는다는 점을 안타까워한 화학자로, 세상을 떠나며 전 재산을 기부해 노벨상을 탄생시킨 이의 성은 상의 이름과 같은 '노벨'입니다. 그렇다면 그의 이름은 무엇일까요?

① 알베르트(Albert)　　　　② 알프레드(Alfred)

다음 문장을 읽고 O와 X 중 알맞은 것을 골라보세요.

드라큘라가 마신 피는 드라큘라의 혈관으로 흡수된다.

전구를 켜라

두 가지 색 칸으로 나누어진 공간이 있습니다. 흰색 칸이 모두 밝아지도록 전구를 설치해보세요.

- 전구는 흰색 칸에만 설치할 수 있습니다.
- 흰색 칸 중에서는 어느 칸이든 상관없습니다.
- 단, 검은색 칸에 적힌 숫자만큼 검은색 칸과 맞닿아 있는 칸에 전구가 설치 되어야 합니다.
- 아무런 숫자도 없는 검은색 칸 주변에는 전구를 원하는 만큼 놓을 수 있습니다.
- 전구는 사방을 향해 빛을 내뿜습니다.
- 단, 검은색 칸을 만나면 빛이 더 이상 앞으로 나아가지 못합니다.
- 전구 두 개가 서로를 마주보게 되면 빛이 너무 강해져 전구가 고장 납니다.

다음 그림에는 모두 몇 개의 삼각형이 숨어 있을까요?

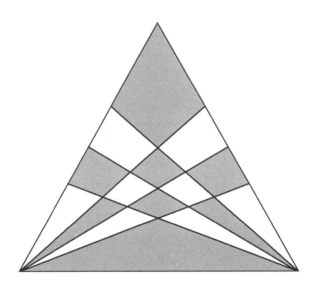

지표면에 있던 물방울이 증발하면 수증기가 되는데, 이 수증기가 하늘에서 뭉치면 구름이 됩니다. 다음 규칙에 따라 구름이 생성될 칸에 색을 칠해보세요.

· 구름은 가로, 세로로 적어도 두 칸 이상의 크기가 되어야 합니다.
· 표의 오른쪽에 적혀 있는 숫자는 그 행에서 구름이 차지하는 칸의 개수와 일치합니다.
· 표의 아래쪽에 적혀 있는 숫자는 그 열에서 구름이 차지하는 칸의 개수와 일치합니다.
· 구름은 가로, 세로, 대각선으로 맞닿지 않아야 합니다.

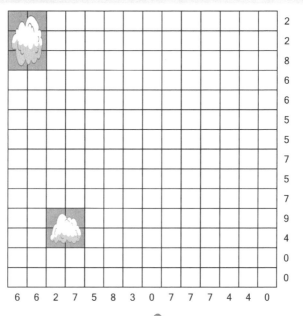

다음과 같은 도르래에 3킬로그램의 과일이 매달려 있습니다. 이 과일을 들어올리기 위해서는 얼마의 힘이 필요할까요?

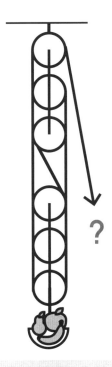

?

① 0.5　② 1　③ 3　④ 6

그림과 같은 동네가 있습니다. 골목의 가운데만을 따라서 아이스크림 가게까지
걸어가려면 몇 미터를 걸어야 할까요?

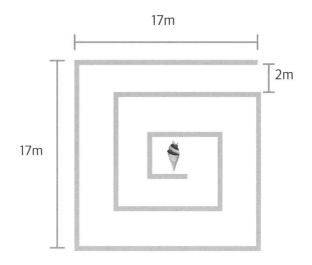

빈칸에 알맞은 숫자를 넣어 식을 완성해보세요. 아홉 개의 빈칸에 1~9까지의 숫자가 한 번씩만 들어가야 하며, 가로로 더해도 세로로 더해도 다음과 같은 결과가 나와야 합니다.

$$\square+\square+\square=18$$

$$\square+\square+\square=15$$

$$\square+\square+\square=12$$

----

2   5   5   6

다음은 화학 실험에 사용되는 도구의 이름들입니다. 초성을 보고 어떤 도구인지 맞춰보세요.

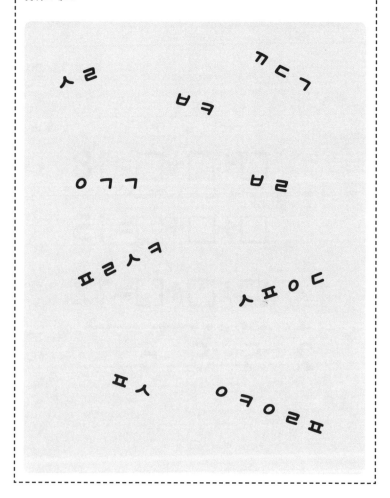

ㅅㄹ

ㄲㄷㄱ

ㅂㅋ

ㅇㄱㄴ

ㅂㄹ

ㅍㄹㅅㅋ

ㅅㅍㅇㄷ

ㅍㅅ

ㅇㅕㅇㄹㅍ

OX 퀴즈

다음 문장을 읽고 O와 X 중 알맞은 것을 골라보세요.

환경호르몬은 생물에 좋지 않은 영향을 미친다고 합니다. 특히 물고기가 점차 수컷의 특징을 지니게 되어 문제가 되고 있습니다.

다음 그림은 어느 폐쇄 회로의 설계도입니다. 아래 조건에 맞춰 각 지점을 선으로 연결해보세요.

· 설계도에 있는 모든 저항(∾)과 코넥터(▥)는 전선으로 연결되어야 합니다.
· 전선의 시작점과 끝점은 만나야 하며, 선끼리 교차하거나 대각선으로 가로질러서는 안 됩니다.
· 저항이 있는 칸을 만나면 바로 앞 혹은 바로 뒤의 칸에서 전선을 90도로 꺾어야 합니다. (앞의 칸과 뒤의 칸 모두에서 동시에 구부러질 수도 있습니다.)
· 코넥터가 있는 칸에서는 전선을 반드시 90도로 꺾어야 합니다.

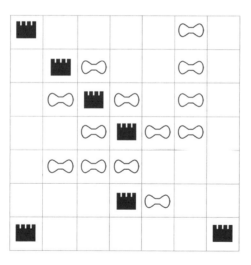

한 장의 사진이 여러 조각으로 나누어져 있습니다. 사진에 찍힌 물체는 무엇일까요?

※ 그림을 오리면 문제를 쉽게 풀 수 있습니다.
책의 마지막에 '오려 만들기' 페이지가 있습니다.

숨은 글자
찾기

칸 속의 숫자는 자신과 그 주위의 아홉 개 칸 중 몇 개의 칸에 색이 칠해져야 하는 지를 알려줍니다. 규칙에 맞춰 알맞은 칸에 색을 칠해보세요. 숨겨져 있던 원소 기호가 드러나게 됩니다.

4		3	3	2	2				
5		5	6		3	0		0	
	6		7						
3			7		3	0			
2	2	2	4	4	3			3	2
1	1	1	2	2	3	3			
	0				3			7	5
		0				4	5	4	
	0		0	0		5		6	4
		0				3	4	3	

다음 그림 중 같은 것을 두 개씩 묶어 짝을 지을 때, 짝이 없는 것이 하나 있습니다. 어느 것일까요?

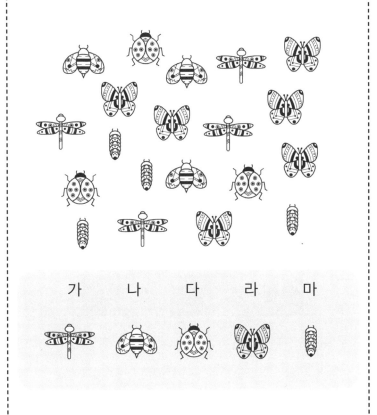

집중력 테스트

아래 숫자를 순서대로 지워나가는 게임입니다. 전부 지우는 데 몇 초나 걸렸는지 시간을 재 나의 집중력을 테스트해보세요. 결과는 <정답과 풀이>에 있습니다.

<준비물>
연필, 초시계

셋	22	18	스물다섯	9
뗍뗍	6	열아홉	23	하나
11	17	2	15	8
5	12	넷	열여섯	21
열셋	스물	일곱	열	24

벽돌담에 숫자가 적혀 있습니다. 가로와 세로에는 하나의 숫자가 한 번씩만 들어가야 합니다. 또한 짝수와 홀수는 하나의 벽돌에 한 번씩만 들어갈 수 있습니다. 물음표를 대신할 알맞은 답을 찾아보세요.

1	?	5	4	3	?
?	?	?	1	2	5
?	1	3	6	5	4
3	2	1	?	4	?
?	?	2	?	6	1
4	5	?	2	?	?

업그레이드
미로

미로 속 길을 찾아주세요. 퀴즈를 풀면 힌트를 얻을 수 있습니다.

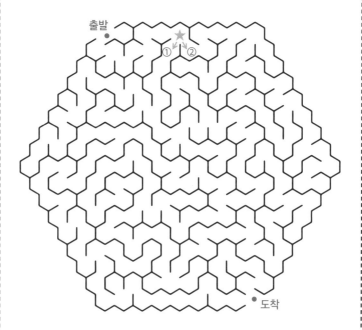

출발

① ②

도착

[Quiz] 세상의 모든 물질은 '물'을 근원으로 두고 있다고 주장한 고대 자
연철학자의 이름은 무엇일까요?

① 탈레스　　　② 아리스토텔레스

어떤 마을에 백 명의 주민이 살고 있습니다. 주민은 천사 또는 악마로, 천사는 진실만을 말하고 악마는 거짓만을 말한다고 합니다. 하지만 겉모습으로는 누가 천사이고 악마인지 구분할 수가 없었습니다. 이를 지켜본 신이 "이 마을에는 몇 명의 악마가 살고 있느냐?"라고 물었습니다. 그러자 첫 번째 주민은 "하나입니다."라고 답했습니다. 두 번째 주민은 "둘입니다."라고 답했습니다. 세 번째 주민은 "셋입니다."라고 답했습니다. 마지막 주민인 백 번째 주민은 "백입니다."라고 답했습니다. 이 마을에 살고 있는 악마는 몇 명일까요?

섬 연결

여러 개의 섬으로 이루어진 나라가 있습니다. 이곳에 다리를 지어 모든 섬을 연결하려고 합니다. 어떤 섬에 몇 개의 다리를 지을지는 섬에 쓰인 숫자에 따라 결정하게 됩니다. 아래 조건에 따라 모든 섬을 연결해보세요.

· 모든 다리는 가로 또는 세로 방향의 직선 모양입니다.
· 다리는 다른 다리나 섬 위를 가로지를 수 없습니다.
· 두 개의 섬 사이에는 1개 또는 2개의 다리만 지을 수 있습니다.

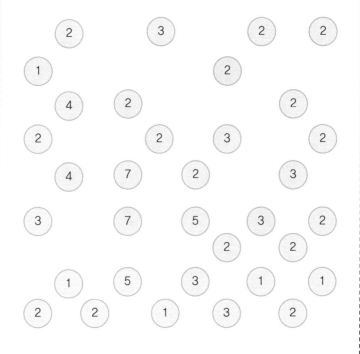

기둥의 위치

다음은 어떤 건물의 설계도를 간단히 표현한 모습입니다. 기둥이 들어가야 할 곳에는 ○, 빈 공간으로 남길 곳에는 ×를 표시하고 있습니다. 가로, 세로, 대각선을 기준으로 기둥이 네 번 연속 들어가면 건물 내부의 공간 효율성이 떨어지게 됩니다. 또한 가로, 세로, 대각선을 기준으로 빈 공간이 네 번 연속 등장하면 건물이 무게를 버티지 못하고 무너질 수 있습니다. 빈칸에 기둥과 빈 공간을 적절하게 배치해보세요.

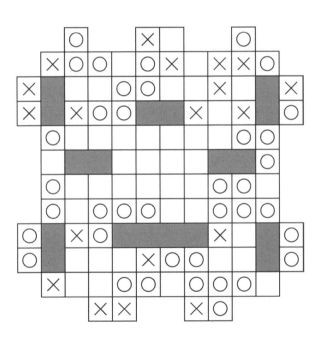

다른 그림 찾기

다음 두 그림에서 다른 곳 다섯 군데를 찾아보세요.

어느 마을에 수도관을 설치하고 있습니다. 각 점은 하나의 건물을 의미합니다. 모든 건물에는 수도가 연결되어야 하며, 하나의 건물에 수도관이 두 번 들어가서는 안 됩니다. 수도관이 서로 교차하지 않으면서 마을 전체의 수도관이 하나의 물길로 이어지도록 해보세요.

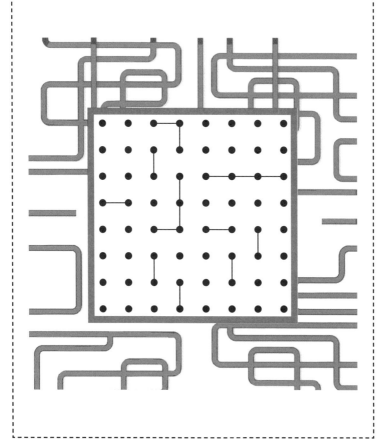

다음은 정사각형을 가지고 만든 퍼즐 조각입니다. 1개의 정사각형으로 만들어진 것은 모노미노, 2개의 정사각형으로 만들어진 것은 도미노, 3개의 정사각형으로 만들어진 것은 트로미노라고 부릅니다. 그럼 4개의 정사각형으로 만들어진 테트로미노는 모두 몇 가지 형태가 있을까요?

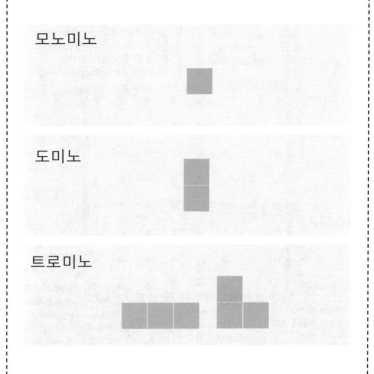

모노미노

도미노

트로미노

염화수소는 염소 원자(○)와 수소 원자(●)가 일대일로 만나 이루어집니다. 다음 그림에서 직선을 이용해 염소와 소수 원자를 하나씩 짝지어주세요. 단, 직선은 가로 또는 세로 방향으로만 그릴 수 있고, 다른 선이나 원자를 가로지를 수 없습니다.

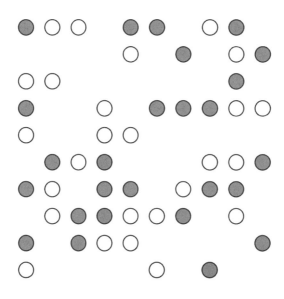

화살표를 돌려라

아래 빈칸에 알맞은 방향의 화살표를 그려보세요! 중앙의 숫자들은 각 칸을 가리키는 화살표의 개수를 의미합니다.

<고를 수 있는 화살표의 종류>

	3	5	1	
	5	3	5	
	2	4	1	

가로세로 퀴즈

다음 설명을 읽고 빈칸을 채워보세요.

가로

1 ○○의 단위로는 그램, 킬로그램 등이 있음

2 화석 등을 통해 그 시대의 생물을 연구하는 학문

3 바람의 속도를 측정하는 기계

4 다양한 생물, 생물에 관여하는 여러 가지 요인 등을 모두 포함하는 용어

세로

1 횡격막 등이 갑자기 수축하며 소리가 나는 일

2 크기가 가장 큰 영장류, 주로 검은 털을 가지고 있음

3 지표면의 암석이 공기와 물 등에 의해 점차 흙으로 변함

4 깊은 바닷속부터 대류권까지의 영역으로, 살아 있는 모든 것은 이 안에서 존재함

5 곤충이나 개구리 등이 알에서 애벌레와 같은 과정을 거쳐 자라는 과정

자물쇠 열기

보물 상자를 찾았습니다. 그런데 번호를 입력해야 하는 자물쇠가 걸려 있습니다. 다행히 비밀번호를 알려줄 힌트가 적혀 있는 쪽지를 가지고 있습니다. 쪽지에 적힌 문제를 모두 풀고 정답을 차례로 나열하면 비밀번호가 된다고 합니다. 비밀번호를 찾아보세요.

1. 어떤 물체를 물속에 집어넣으면 그 물체의 부피에 따라 부력을 받게 된다는 원리를 발견한 과학자는 누구일까요?
① 아리스토텔레스 ② 아르키메데스

2. 가니메데, 유로파 등 4대 위성으로 유명한 행성은 무엇일까요?
① 목성 ② 토성

3. 수증기가 없는 건조한 공기에서 가장 많은 비율을 갖는 것은 무엇일까요?
① 이산화탄소 ② 질소

다음 표에 1~3의 숫자를 넣어보세요. 가로와 세로에는 같은 숫자가 한 번씩만 들어가야 합니다. 또한 ○표 속에는 반드시 숫자를 써야 하지만, ×표가 있는 칸에는 어떤 숫자도 쓸 수 없습니다.

1	○	✕	✕		3
○				○	
	○		○		○
	✕	○		○	
3		2		✕	✕
	○		2		✕

다음 그림에서 성냥개비 4개를 없어지게 하여 5개의 정사각형을 만들어보세요.

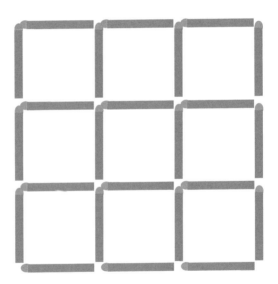

뱀 게임

뱀이 숲 속을 지나가고 있습니다. 모든 흰색 칸을 한 번씩 거쳐서 원래의 자리로 돌아올 수 있도록 길을 찾아주세요. 검은색 칸은 가로지를 수 없습니다.

별자리 그리기

다음은 여름의 대표적 별자리인 백조자리의 모습입니다. 백조의 모습을 떠올리며 별과 별 사이에 나머지 선을 그어보세요.

A에서 B까지 걸어가려고 합니다. 가장 짧은 거리를 거쳐서 이동하려고 할 때, 선택할 수 있는 길은 모두 몇 가지일까요? 단, 공사 중인 지역은 지나갈 수 없습니다.

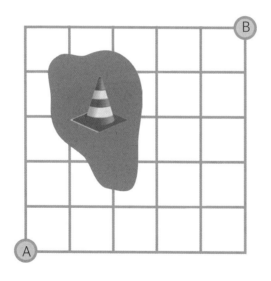

칠교놀이

아래에 있는 일곱 개의 조각을 이용해 다음의 모양을 만들어보세요.

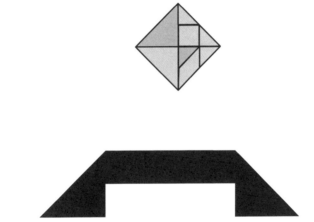

같은 숫자끼리 선으로 연결해주세요. 단, 선은 서로 교차할 수 없습니다.

				4
1	3		4	1
2				
		3	5	
			2	5

벽돌
쌓기

벽돌담에 숫자가 적혀 있습니다. 가로와 세로에는 하나의 숫자가 한 번씩만 들어 가야 합니다. 또한 짝수와 홀수는 하나의 벽돌에 한 번씩만 들어갈 수 있습니다. 물음표를 대신할 알맞은 답을 찾아보세요.

2	?	?	4	5	?
3	4	1	?	6	5
1	6	?	?	?	?
?	2	3	?	1	?
6	5	4	1	2	?
4	1	?	5	?	6

철근과
크레인

건설 현장에서 크레인을 이용해 2톤짜리 철근을 옮기고 있습니다. 이 크레인은
그림과 같은 도르래의 원리를 이용합니다. 철근을 들어올리기 위해서는 얼마의
힘이 필요할까요?

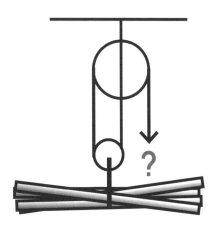

① 4   ② 2   ③ 1   ④ 0.5

마주보기

다음 규칙에 따라 화살표를 그려보세요.

· 굵은 선으로 나누어진 각 영역에는 반드시 하나의 화살표가 들어가야 합니다.
· 모든 화살표는 마주보고 있는 '짝'을 가지고 있습니다.
· 짝을 지은 화살표는 바로 인접한 칸에 들어갈 수 없습니다.
· 짝을 지은 화살표 사이에는 다른 화살표가 들어갈 수 없습니다.

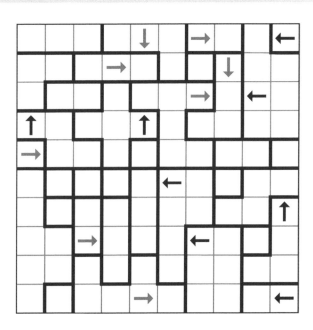

다음 빈칸에 들어갈 숫자를 모두 더하면 얼마가 될까요?

$$\square + \square + \square + \square + \square = ?$$

인체의 혈관을 모두 이으면 지구를 □.□ 바퀴 돌 수 있습니다.

성인의 몸에 있는 근육은 전부 □□□개입니다.

129

정답과
풀이

★ 10쪽 정답

정답 ① 신생아
풀이 어른이 될수록 뼈가
많아진다고 생각하기 쉬우나,
성장하는 과정에서 여러 개의 뼈가
하나로 합쳐지기 때문에 정답은
신생아입니다.

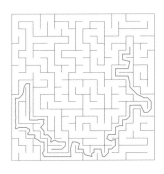

★ 11쪽 정답

정답 1번 물통
풀이 물이 관을 타고 빠져나가는
양보다 수도꼭지에서 흘러나오는
양이 더 많기 때문에 1번 물통이
가장 먼저 가득 차게 됩니다.

★ 12쪽 정답

정답 ④ 3
풀이 이 도르래는 물체를
끌어당기는 데 필요한 힘을 물체
무게의 6분의 1로 줄여줍니다.
그러므로 답은 18×(1/6)=3입니다.

★ 13쪽 정답

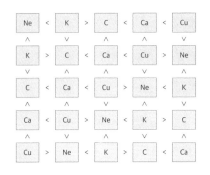

★ 14쪽 정답

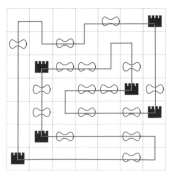

★ 15쪽 정답

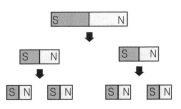

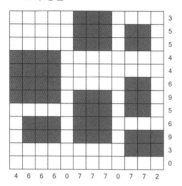

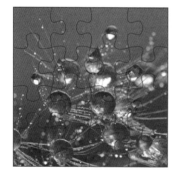

★ 22쪽 정답

정답 다
풀이 1번에 ②, 2번에 ②이므로
'다'입니다.

★ 23쪽 정답

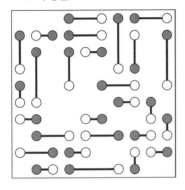

★ 24쪽 정답

정답 574.4그램
풀이 ① 9퍼센트 농도의 설탕물
160그램에 들어 있는
설탕의 양을 알아봅니다.
160×(9/100)=14.4그램
② 14.4그램의 설탕을 이용해
2퍼센트 농도의 설탕물을 만들
때 필요한 물의 양을 알아봅니다.
□×(2/100)=14.4그램, □=720그램
③ 더해야 하는 물의 양을
알아봅니다. 9퍼센트 농도의
설탕물에서 설탕을 제외한 물은
145.6그램입니다. 그러므로
더해야 하는 물의 양은
720-145.6=574.4그램입니다.

★ 25쪽 정답

1~20초 → 내가 집중왕!
21~40초 → 뛰어난 실력입니다!
41~60초 → 열심히 하셨군요!
61초 이상 → 다시 도전해보세요!

★ 26쪽 정답

정답 ③ 물
풀이 3대 영양소는 탄수화물,
단백질, 지방입니다.

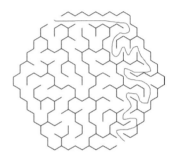

★ 27쪽 정답

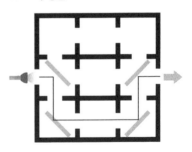

★ 28쪽 정답

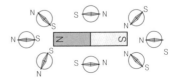

★ 29쪽 정답

정답 가

★ 30쪽 정답

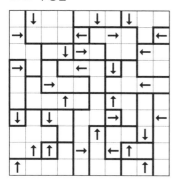

★ 31쪽 정답

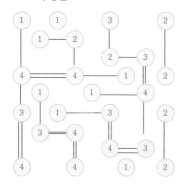

★ 32쪽 정답

정답 사실 이 문제에는 정답이 없습니다. 풀 수가 없기 때문입니다. 샘 로이드의 퍼즐에서는 14와 15가 적힌 퍼즐만 자리를 바꿔야 하는데, 이렇게 자리를 바꾸는 횟수가 홀수일 때는 해답이 없다고 합니다.

★ 33쪽 정답

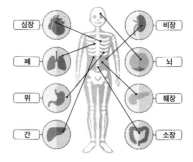

★ 34쪽 정답

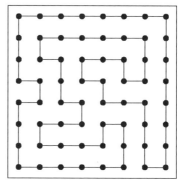

★ 35쪽 정답

★ 38쪽 정답

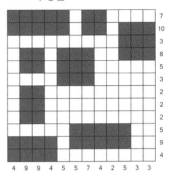

★ 36쪽 정답

정답 55개
풀이 1개 + 4개 + 9개 + 16개 + 25개
= 55개입니다.

★ 39쪽 정답

★ 37쪽 정답

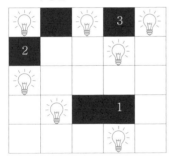

★ 40쪽 정답

2	3	✕	✕	①	✕
3			①		②
✕	✕	2	3		1
	2	1		3	
1	✕		②	✕	③
✕	①	③	✕	2	✕

★ 41쪽 정답

정답 164
풀이 빈칸에 들어갈 수는 차례대로
70, 80, 14입니다. 이를 모두 더하면
164입니다.

★ 42쪽 정답

	↘	↘	↙	
↘	1	3	2	↙
↘	4	0	3	↙
↗	4	3	3	←
	↑	↘	↑	

★ 43쪽 정답

		목		흑	연
소	행	성		점	
					과
	공				산
자	전				화
			온	수	은
절	대	영	도		소

★ 44쪽 정답

정답 37가지

★ 45쪽 정답

정답
ㅇㅁㄹㅇㅅ → 아밀레이스
ㄴㅁ → 녹말
ㅇㄷ → 엿당
ㅍㅅㄴㅈ → 펩시노젠
ㅇㅅ → 염산
ㅍㅅ → 펩신
ㄷㅂㅈ → 단백질
ㅌㄹㅅ → 트립신
ㄹㅇㅍㅇㅅ → 라이페이스

★ 46쪽 정답

정답 139미터
풀이 가운데만을 걸을 수 있으니
꺾어지는 부분을 기준으로 다음과
같이 걷게 됩니다. 19+18+18+16+16
+14+14+12+12=139미터

★ 47쪽 정답

★ 48쪽 정답

정답 ② 화강암
풀이 현무암은 마그마가
지표면 근처에서 빠르게 식으며
만들어지는 암석입니다.

★ 49쪽 정답

★ 50쪽 정답

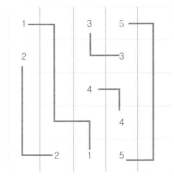

★ 51쪽 정답

정답 20병(14+4+1+1=20)
풀이 처음에 14병, 마시고 나서
4병으로 교환(이때 빈 병 2병 남음),
전 단계의 4병을 마시고 나서 다시
1병 교환(이때 빈 병 1병 남음),
남은 빈 병만 모아서 다시 1병 교환

★ 52쪽 정답

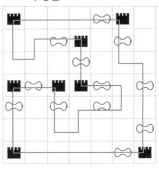

★ 53쪽 정답

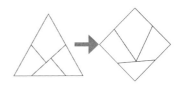

★ 54쪽 정답

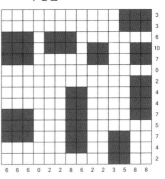

★ 55쪽 정답

정답 40.32그램

풀이 ① 4퍼센트 농도의 소금물 72그램 속에 들어간 소금의 양을 계산합니다. 72×(4/100)=2.88그램
② 2.88그램의 소금을 이용해서 10퍼센트 농도의 소금물을 만들 때 필요한 물의 양을 계산합니다.
□×(10/100)=2.88그램,
□=28.8그램
③ 증발되어야 하는 물의 양을 계산합니다. 4퍼센트 농도의 소금물 중 소금을 뺀 물의 양은 69.12그램이고, 여기에서 28.8그램을 빼면 정답은 40.32그램입니다.

★ 56쪽 정답

정답 X
풀이 한 달에 보름달이 두 번 떴을 때, 두 번째 뜬 보름달을 블루문이라고 합니다. 이런 현상이 일어나는 까닭은 달의 공전 주기가 29.5일이기 때문입니다. 슈퍼문에 대한 설명은 옳습니다.

★ 57쪽 정답

정답 나
풀이 1번에 ②, 2번에 ①이므로 '나'입니다.

★ 58쪽 정답

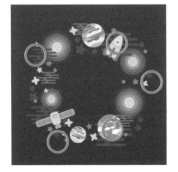

★ 59쪽 정답

★ 60쪽 정답

정답 X
풀이 탄산나트륨이 아니라 수산화나트륨입니다.

★ 61쪽 정답

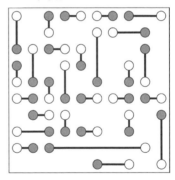

★ 62쪽 정답

정답 Ca(칼슘)

3	4	3		1					
4		3	2				0	0	
3		0			0	0			
			2			3	3	2	1
	4	3	2			3	4	3	
2	3	3	2	3	4				3
0				2			6	6	
				3	5	8		7	4
		0	0	2	3	5	4	5	
	0			1	2	3			1

★ 63쪽 정답

정답 ③ 10
풀이 이 도르래는 물체를
끌어당기는 데 필요한 힘을 물체
무게의 8분의 1로 줄여줍니다.
그러므로 답은 80×(1/8)=10입니다.

★ 64쪽 정답

1~25초 → 내가 집중왕!
26~50초 → 뛰어난 실력입니다!
51~75초 → 열심히 하셨군요!
76초 이상 → 다시 도전해보세요!

★ 65쪽 정답

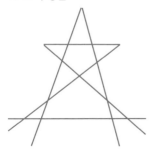

★ 66쪽 정답

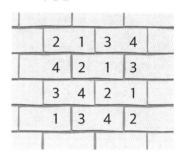

★ 67쪽 정답

정답 22
풀이 전자레인지의 진동수는
2.45기가헤르츠입니다.
전자레인지는 음식물 속의 물을
초당 24억 5천만 번 진동시킵니다.
그러므로 답은
2+4+5+2+4+5=22입니다.

★ 68쪽 정답

정답 ② 복사
풀이 열이 다른 물질의 도움 없이
직접적으로 전달되는 현상을
복사라고 부릅니다. 대류는
어떤 분자가 직접 이동하며 열을
전달하는 현상으로, 물을 끓이면
불과 직접 맞닿은 곳의 물 분자가
열을 품은 상태로 여기저기 이동할
때 관찰할 수 있습니다.

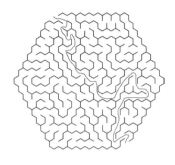

★ 69쪽 정답
정답 1 1 1

★ 70쪽 정답
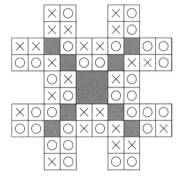

★ 71쪽 정답

★ 72쪽 정답
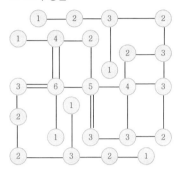

★ 73쪽 정답

★ 74쪽 정답
정답 ①-③-②
풀이
① 지구가 속해 있는 우리은하에는 약 (500) 개의 행성이 있습니다.
② 지구는 태양에서 약 (1억 5천만) 킬로미터 떨어져 있습니다.
③ 지구의 적도 둘레는 약 (40억 750만) 센티미터입니다.

★ 75쪽 정답

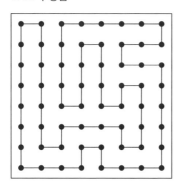

★ 78쪽 정답

		원			적	도
유	전	자			외	
성			자	외	선	
우				떡		
		전		잎		
		자		식		
초	음	파		물		

★ 76쪽 정답

★ 79쪽 정답

	↘	↗	↓	
→	4	4	4	←
↗	1	1	3	↘
→	2	5	3	←
	↗	↑	↖	

★ 77쪽 정답

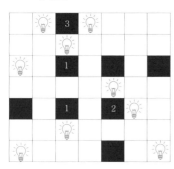

★ 80쪽 정답

이외에도 다양한 풀이가
존재합니다. 어떤 방법을 사용해도
좋습니다.

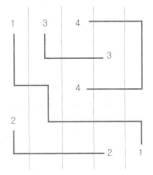

5+0+3+0+0=8입니다.

정답
ㅈㄱ → 전갈
ㅁㅁ → 매미
ㅈㄷㅁ → 진딧물
ㅅㅁㄱ → 사마귀
ㅈㅁㄱ → 사마귀
ㅈㅅㅍㄷㅇ → 장수풍뎅이
ㅁㄸㅂㄹ → 무당벌레
ㅅㄸㄱㄹ → 쇠똥구리
ㅇㅊ → 여치
ㅁㅂ → 말벌

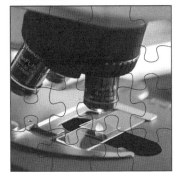

2	①		✕		3
3	✕		②	①	
	②	③	1	✕	✕
	③	1	✕		2
✕		②		③	1
1		✕	③	2	✕

정답 52가지

정답 8
풀이 개미는 자신의 몸보다 50배 무거운 짐을 들 수 있습니다. 벌은 자신의 몸보다 300배 무거운 짐을 들 수 있습니다. 그러므로 답은

정답 TON
풀이 앞으로 읽으면 'TON(톤, 단위)', 반대로 읽으면 'NOT(그렇지 않음)'이 됩니다.

정답 나

★ 89쪽 정답

★ 90쪽 정답

정답 가
풀이 1번에 ①, 2번에 ①이므로
'가'입니다.

★ 91쪽 정답

★ 92쪽 정답

정답 ② 알프레드(Alfred)
풀이 노벨상의 창립자는 알프레드
노벨입니다. 알베르트라는
이름을 가진 유명한 과학자로는
아인슈타인이 있습니다.

★ 93쪽 정답

정답 X
풀이 입으로 마신 피는 식도와
위를 거쳐 소화됩니다.

★ 94쪽 정답

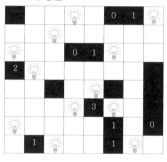

★ 95쪽 정답

정답 64개
풀이 작은 삼각형이 모여 큰
삼각형을 이루기도 합니다.

★ 96쪽 정답

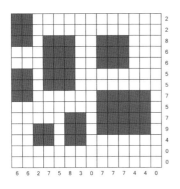

												2
												2
												8
												6
												6
												5
												5
												7
												5
												7
												9
												4
												0
												0

6 6 2 7 5 8 3 0 7 7 7 4 4 0

ㅍㄹㅅㅋ → 플라스크
ㅅㅍㅇㄷ → 스포이트
ㄲㄷㄱ → 깔때기
ㅅㄹ → 샬레
ㅂㅋ → 비커
ㅂㄹ → 뷰렛
ㅇㄱㄱ → 여과기
ㅇㅋㅇㄹㅍ → 알코올램프
ㅍㅅ → 핀셋

★ 97쪽 정답

정답 ① 0.5
풀이 이 도르래는 물체를
끌어당기는 데 필요한 힘을 물체
무게의 6분의 1로 줄여줍니다.
그러므로 답은 3×(1/6)=0.5입니다.

★ 98쪽 정답

정답 112미터
풀이 가운데만을 걸을 수 있으니
꺾어지는 부분을 기준으로 다음과
같이 걷게 됩니다.
16+15+15+13+13+1
1+11+9+9=112미터

★ 99쪽 정답

정답 다음과 같이 숫자를
넣어보세요.
9+6+3
8+5+2
7+4+1

★ 100쪽 정답

정답

★ 101쪽 정답

정답 X
풀이 문장 중 '수컷'을 '암컷'으로
바꿔야 합니다.

★ 102쪽 정답

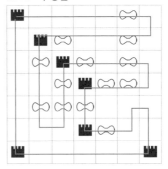

★ 103쪽 정답

★ 104쪽 정답

정답 Ne(네온)

4		3	3	2	2				
5		5	6		3	0		0	
	6		7						
3			7		3	0			
2	2	2	4	4	3			3	2
1	1	1	2	2	3	3			
	0				3			7	5
		0				4	5	4	
	0		0	0		5		6	4
		0				3	4	3	

★ 105쪽 정답

정답 다

★ 106쪽 정답

정답
1~25초 → 내가 집중왕!
26~50초 → 뛰어난 실력입니다!
51~75초 → 열심히 하셨군요!
76초 이상 → 다시 도전해보세요!

★ 107쪽 정답

★ 108쪽 정답

정답 ① 탈레스
풀이 아리스토텔레스는 물질의
근원을 물, 불, 흙, 공기 등 네
가지라고 주장했습니다.

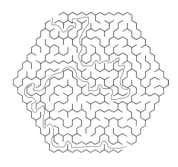

★ 109쪽 정답

정답 99명
풀이 99번째로 답한 주민만
천사입니다. 그는 "악마가 99명,
천사가 1명"이라는 진실을
말했습니다. 나머지는 모두 거짓을
말한 셈입니다.

★ 110쪽 정답

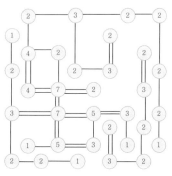

★ 111쪽 정답

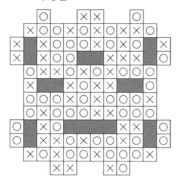

★ 112쪽 정답

★ 113쪽 정답

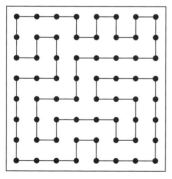

★ 114쪽 정답

정답 5가지

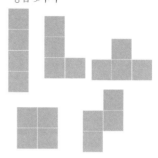

★ 115쪽 정답

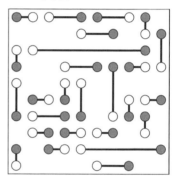

★ 116쪽 정답

	↘	↙	↙	
→	3	5	1	↙
→	5	3	5	←
→	2	4	1	↘
	↑	↑	↘	

★ 117쪽 정답

딸			고	생	물	학
꾹			릴			
질	량		라			
				변		
풍	속	계		생	태	계
화				물		
				권		

★ 118쪽 정답

정답 2 1 2

★ 119쪽 정답

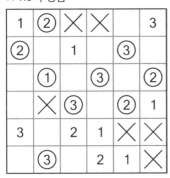

★ 120쪽 정답

★ 121쪽 정답

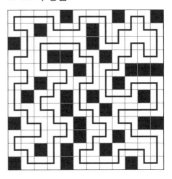

★ 122쪽 정답

★ 123쪽 정답

정답 67가지

★ 124쪽 정답

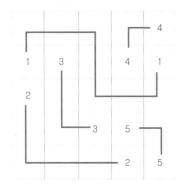

정답 18
풀이 인체의 혈관을 모두 이으면
지구를 2.5 바퀴 돌 수 있습니다.
성인의 몸에 있는 근육은 전부
650개입니다.
그러므로 답은
2+5+6+5+0=18입니다.

2	3	6	4	5	1
3	4	1	2	6	5
1	6	5	3	4	2
5	2	3	6	1	4
6	5	4	1	2	3
4	1	2	5	3	6

정답 ③ 1
풀이 이 도르래는 물체를
끌어당기는 데 필요한 힘을 물체
무게의 2분의 1로 줄여줍니다.
그러므로 답은 2×(1/2)=1입니다.

오려
만들기